Robert Kaltenbrunner

Technische Infrastruktur

Inhaltsverzeichnis

Einführung

Der renommierte Autor und Kulturkritiker Karl Kraus hat vor rund hundert Jahren seinen Anspruch an eine moderne Lebenswelt einmal folgendermaßen formuliert: »Ich verlange von einer Stadt, in der ich leben soll: Asphalt, Straßenspülung, Haustorschlüssel, Luftheizung, Warmwasserleitung. Gemütlich bin ich selbst.« Damit bringt er die eigentliche Leistung unserer technischen Infrastruktur ganz gut auf den Punkt: Sie ist als eine Art Maschine zur Entlastung von Arbeit und mühsamen Alltagserfordernissen zu verstehen.

Der Begriff Infrastruktur selbst tauchte erstmals in der ersten Hälfte des 18. Jahrhunderts auf und bezog sich im Französischen zunächst auf alle Erdarbeiten zur Urbarmachung der Böden und den Eisenbahnbau. Abgeleitet von der lateinischen Herkunft (*infra*: unterhalb und *structura*: Zusammenfügung) werden technische Infrastrukturen in der deutschsprachigen Diskussion bis heute vor allem über ihre gesellschaftliche Funktion als »Unterbau der Wirtschaft« definiert, also als Voraussetzung für die Herstellung, Verteilung und Verwendung von Waren und Dienstleistungen. Es handelt sich um hochkomplexe, kapitalintensive und raumwirksame Einrichtungen materieller und institutioneller Art. Über die Bereitstellung von kritischen Dienstleistungen macht sie das Funktionieren moderner Gesellschaften und arbeitsteiliger Volkswirtschaften möglich. Zur Infrastruktur zählen die leitungsgebundene Versorgung mit Elektrizität, Gas, Fern- und Nahwärme sowie Wasser, die Entsorgung von Abwässern und Abfällen, die Informations- und (Tele-)Kommunikationssysteme ebenso wie die verschiedenen Transportsysteme.

Nur wenige Prozesse haben unsere Räume im vergangenen Jahrhundert so tiefgreifend und dynamisch verändert wie die

Innovation und Verbreitung technischer Infrastrukturen. Sie gewährleisten den Fluss von Wasser, Energie, flüssigen und festen Abfällen, digitalen und analogen Signalen, Menschen, Gütern und Dienstleistungen, zumeist über Netzgebilde wie Rohre, Leitungen, Straßen, Schienen und Kanalisationen. Erst diese Neuerungen haben zunächst die Urbanisierung, später auch Suburbanisierungsprozesse ebenso wie die Erschließung ländlicher Räume ermöglicht. Das schriftstellerische Werk Wilhelm Raabes ist diesbezüglich sehr aufschlussreich, weil sein zentrales Thema, nämlich Hierbleiben und Weggehen, elementar verbunden ist mit der Entwicklung der raumerschließenden Infrastrukturen. Raabe setzt sich subtil und keineswegs pessimistisch mit Straßen, Bahnen, Post und Schifffahrtslinien auseinandersetzt.

Die technischen Möglichkeiten der kommunikativen und physischen Raumüberwindung prägen die die Strukturen und Beziehungen moderner Gesellschaften. Sie legen, die Form sozialer Austauschbeziehungen zwischen Örtlichkeiten, Gruppen und Individuen fest. Diese technischen Voraussetzungen bestimmen' letztlich, ob jemand »drin« oder »draußen« ist. Wie das geschieht, unterscheidet sich von Staat zu Staat jedoch erheblich. So wird die Erstellung einer öffentlichen Infrastruktur hierzulande meist durch Steuergelder finanziert – anders als etwa in den USA, wo diese *public utilities* im Wesentlichen privatwirtschaftlich organisiert sind. Zwar überträgt man in jüngster Zeit die Erstellung und Instandhaltung von Infrastruktur vermehrt an private bzw. privatrechtlich organisierte Firmen. Aber die Planungs- und Regulierungshoheit bleibt weiterhin beim Staat: als Teil unserer Daseinsvorsorge.

Das für unsere Lebenswelt überlebenswichtige und zugleich verwundbare Netz der modernen Stadttechnik ist über gut ein Jahrhundert langsam und stetig gewachsen – in Ausmaß und Bedeutung. Doch was irgendwie gegeben und immerwährend scheint, ist in den letzten Jahrzehnten marode geworden. Rohre wurden brüchig, Straßen holprig und Brücken – ihrer Statik durch das Nagen des Zahns der Zeit

Fernheizungsrohr in Leipzig

beraubt – unbefahrbar. Plötzlich galt und gilt es, mit sehr viel Geld die Infrastruktur zu erneuern, um weiter in den gewohnten Genuss von Bequemlichkeit und Effizienz im Alltag zu kommen. Das sind ärgerliche Einschränkungen und auch in der Politik nicht eben populär.

Seit Jahrhunderten ist »technische Infrastruktur« in unserer Umwelt präsent.
Hier ein Brunnen in Mallorca.

Historisches Streiflicht

Die Angst vor der Cholera hat den Beginn moderner Stadtentwicklung markiert. Seit den 1830er Jahren überzog sie Europa, trat zumeist und zuerst in den dicht besiedelten Armenvierteln auf, machte aber hier nicht Halt. Dementsprechend wurden die Städte im 19. Jahrhundert weithin beschrieben: Müll und Dreck allenthalben. Und Gestank: intensiv, atemraubend. Fasziniert und angeekelt seien die bürgerlichen Betrachter von den Zuständen in den städtischen Vierteln der Armen gewesen. Benebelt und berauscht vom Gestank des Abfalls und der Kloaken verschwamm im bourgeoisen Blick aufs Volk die Topografie der Quartiere mit der Moral ihrer Bewohner. Von Arbeit und Armut über den Schmutz zum Laster – eine endlose Kette, so schien es. So häuften sich die Beschreibungen vom konkreten und moralischen Dreck, »von Sündenpfuhlen und Senkgruben des Lasters«. Ein guter Teil dieser Vergleiche dürfte aber auch in Zusammenhang mit der Körperfeindlichkeit der bürgerlichen Beobachter zurückzuführen sein. Die »lower parts of town« korrespondieren mit den menschlichen »lower parts«.

Aber irgendwann mündete dies auch in gezielte – kommunale wie staatliche – Interventionen, in deren Fokus »die Kloake« stand. In London etwa bildete seit Gründung der Stadt die Themse in Sachen Kommunikation und Entsorgung das Herzstück der Stadt. Gespeist wurde sie von Flüssen und Bächen, die dem Wachstum der Stadt am Ende nicht mehr standhielten. Sie verkamen zu offenen Schmutzwasserkanälen und damit zu Brutstätten für Krankheiten. Als die Stadt gegen Ende des 18. Jahrhunderts dramatisch wuchs, war die Verschmutzung der Flüsse durch Abfälle von Metzgereien, Dung und Blut legendär. In Paris, Neapel oder Hamburg war die Situation kaum anders. Das Ganze wieder los zu werden, erwies sich als schwierig und vor allem als sehr kostspielig. Allerdings herrschte in allen Großstädten Europas große Unsicherheit: Einerseits über das »richtige« Entwässerungsverfahren. Andererseits war man sich bei der Prognose des künftigen Bedarfs höchst unsicher, wobei man u. a. mit einer angenommenen Benutzerfrequenz je WC hantierte. Der Zulauf von Frischwasser musste in einem ausgewogenen Verhältnis zum Abfluss von Schmutzwasser stehen. Überschreitung galten als »krankmachende Ursache«. In Berlin etwa hatte zwar A. L. Crelle um 1840 ein Konzept vorgelegt, das eine Aufteilung des Stadtgebiets in voneinander unabhängige Entwässerungszonen vorsah. Aber erst durch die Cholera-Pandemie, die während des Preußisch-Österreichischen Kriegs 1866 ausbrach, die Erkenntnisse der Londoner ›Rivers Pollution Commission‹, und den Unmut über die unkoordiniert von statten gehenden

Hier hält König Cholera Hof. Illustration aus »Punch«, 1852. Der Ausbruch der Cholera in der Broad Street war ein schwerer Ausbruch der Cholera im Jahr 1854 im Stadtteil Soho der City of Westminster, London, England, und ereignete sich während der weltweiten Cholera-Pandemie von 1846–1860.

»Kanalbauten« einzelner privater Betreiber in den Vororten, trug dazu bei, koordinierte Pläne umzusetzen.

Die Stadt von ihren Abwässern zu befreien, war überlebenswichtig. Die damit verbundenen Arbeiten stellten den zentralen Innovationsschub Mitte des 19. Jahrhunderts dar. In Berlin etwa mit dem Plan des Stadtplaners James Hobrecht (1825–1902), wobei dessen wohl wichtigste Voraussetzung die Entwicklung einer leistungsfähigen Pumpentechnik zum Absaugen des Grundwassers darstellte. Der Effekt aber war nicht nur technisch vorbildlich, sondern auch politisch: Denn die Übernahme dieser zweiten stadttechnischen Verantwortung nach der Bündelung der Gasversorgung in den 1840er Jahren (man nannte das seinerzeit das »öffentliche Erleuchtungswesen«) hat zur Emanzipation der Stadt im Verhältnis zum (preußischen Obrigkeits-) Staat entscheidend beigetragen. Die Effizienz dieser Arbeiten setzten einschneidende politische Entscheidungen voraus. Die von der Stadt Berlin ergriffenen Maßnahmen waren radikal: Die Kommune übernahm die städtische Ver- und Entsorgung, enteignete das private Wasserunternehmen und ließ auch keine privaten Partner bei der teuren Erstellung der Entwässerungssysteme mehr zu.

Kaltenbrunner

Das kennt man aus vielen Alltagssituationen: Die Straße wird aufgerissen, um Kanalarbeiten vorzunehmen.

Schritte der Rationalisierung

Seit der zweiten Hälfte des 19. Jahrhunderts wurde die Stadt-technik massiv ausgebaut, wie zugleich auch die Rohrpost und der öffentliche Nahverkehr. Dabei ist die Entwicklung moder-ner Urbanität ohne Elektrizität undenkbar. Die Stromversor-gung revolutionierte die Produktion in den Industriemetropo-len wie auch den gesamten Großstadtverkehr. Letzteres kommt immer dann unsanft zu Bewusstsein, wenn S- oder U-Bahn-strecken vorübergehend außer Betrieb gesetzt werden müs-sen. Elektrizität ist überall verfügbar, aber wie sie hergestellt wird und wie sie von der Produktion bis zur gewohnten Steck-dose gelangt, interessiert kaum noch jemanden. Im Stadtbild erweist sich die Stromversorgung als kaum wahrnehmbar.

Bis weit in die jüngere Geschichte hinein hat sich die Stadt gegen das Land abgegrenzt: Städte galten als Orte der Frei-heit, an dem die neugewonnene Unabhängigkeit von den Wid-rigkeiten der Natur gelebt werden konnte. In der Stadt lässt sich sprichwörtlich die Nacht zum Tag machen, weil Städte zu einer Art Maschine wurden, die den Einzelnen davon be-freit, den eigenen Kot fortzuschaffen, Wasser am Brunnen zu holen, die Kranken zu pflegen und den eigenen Lebensrhyth-mus dem Wetter anpassen zu müssen. Sie entlastet von be-stimmten Arbeiten und von Verantwortung, gibt dadurch Frei-heit für andere, selbstgewählte Aktivitäten im Beruf, im Verein oder für Faulenzerei. Und das ist auch die historische Leistung einer immer ausgefeilteren Stadttechnik: sie verschafft den Bewohnern Zeit und Gesundheit.

Diese Rationalisierung bildet eine der wichtigsten Grundla-gen der modernen Großstadt. Beispielsweise in Berlin: Schon im 19. Jahrhundert wurde mit dem System der Abwasserreini-gung durch die Anlage von Rieselfeldern eine stadtregionale

Brunnen in Homberg.

Lösung gefunden, die international herzeigbar war. Dagegen war die Wasserversorgung zunächst noch ein privates Unternehmen. Nach der Bildung von Groß-Berlin gelang es 1924, die Berliner Städtischen Wasserwerke AG zu schaffen, die 1937 in einen Eigenbetrieb umgewandelt wurden. Die Städtischen Elektrizitätswerke Berlin (StEW) wurden bereits 1915 gegründet. 1923 übernahm die neu gegründete privatrechtliche Betriebsgesellschaft Berliner Städtische Elektrizitätswerke AG (Bewag) den Betrieb der Anlagen der StEW von der Stadt Berlin. 1923 wurden die Städtischen Gaswerke AG (Gasag) geschaffen, die 1937 ein Eigenbetrieb der Stadt wurden. Nach 1989 wurde die Energieversorgung zum Gegenstand von Privatisierungen. Die Müllabfuhr wurde 1922 durch die neu gebildete Berliner Müllabfuhr-Aktiengesellschaft (BEMAG) übernommen, die 1935 in eine städtische Müllbeseitigungsanstalt umgewandelt wurde. Forderungen nach nachhaltigem Wirtschaften und nach Einsparung von CO_2 haben in jüngster Zeit die Stadttechnik in die Aufmerksamkeit gerückt. Über ein Jahrhundert lang bedingten Stadttechnik und Städtebau einander. Die Entwicklung des einen Bereichs wäre ohne die des anderen nicht möglich gewesen. Auch der ›Bauingenieur‹ spielt dabei eine entscheidende Rolle, wenngleich seine Leistung oft wenig sichtbar, weil unter der Erde »verbuddelt« ist. Anhand der Medien Wasser, Abwasser, Strom und Gas lassen sich noch heute Voraussetzungen, Abläufe, Maßnahmen und – im Wortsinne – »Untergründiges« der Stadtentwicklung veranschaulichen. Zumal diese Erschließungsanlagen meist eine deutlich längere Lebensdauer haben als die Wohnbebauung, als Schulen, Büros und Amtsstuben. Über Jahrzehnte ausgebaut, ausdifferenziert und perfektioniert, hat das dazu geführt, dass im Adersystem unserer Städte und Dörfer ein gewaltiger Berg an Geld gebunden ist. Allerdings wirkt es weithin auch wie »totes Kapital«: strukturell vernachlässigt, stellenweise runtergekommen, irgendwie ungeliebt. Vielfach hält man es für etwas Überkommenes, das im *high-tech*-Zeitalter seltsam veraltet erscheint. Doch das ist falsch: Es ist vielleicht erneuerungsbedürftig, aber alles andere als überflüssig.

Kaltenbrunner

Der Energiepark Mont-Cenis in Herne setzt auf umweltfreundliche Ressourcen und nutzt eine gläserne Klimahülle.

Der Bauch wird schlau

Der Ausbau der kommunalen Infrastruktur erwies sich im 19. Jahrhundert als recht kompliziert. Sebastian Hensel als Direktor der Deutschen Baugesellschaft zeichnet in seinen Memoiren ein Bild voller Pleiten, Pech und Pannen, das stark an heutige Großbauten der öffentlichen Hand erinnert.

Bestürzt und fasziniert sei er gewesen, notiert Hensel, als man ihm im Winter 1872 anbot, »die Verproviantierung Berlins in die Hände zu bekommen, eine mächtige Organisation zu schaffen und zu beherrschen«. Doch es sei daraus eine »Leidensgeschichte« geworden, »wie so vieles, was in Berlins öffentliche Verhältnisse eingreift, und es war mir beschieden, den Kelch dieser Leidensgeschichte siebzehn Jahre lang bis auf die Hefe zu leeren«. Seit den 1850er Jahren bereits habe die Stadt – während Paris und London ihre Versorgung internationalisierten und modernisierten – die Abschaffung der lokalen Wochenmärkte zu Gunsten eines der Millionenbevölkerung angemessenen Hallensystems erwogen. Erst wurde Markthallenbau als kommunales Privileg definiert, nichts geschah. In »endlosen Debatten« zwischen Polizei, Behörden, Magistrat und Investoren sei der Plan verhandelt worden. Ein Stadtrat und ein Baumeister hätten Dienstreisen durch Europa unternommen zum Quellenstudium »nach echt deutscher Art«; das Resultat, »ein dickes, gelehrtes, gründliches Buch«, sei mit der Abrechnung »diverser Champagnerfrühstücke« von der Stadtverordnetenversammlung »breitgetreten« worden. Dann ergriff der Polizeipräsident die Initiative und schloss zwei Märkte zugunsten einer neuen Markthalle am Schiffbauerdamm, die jedoch auf Grund ihrer Mehrstöckigkeit vom Publikum nicht angenommen wurde und schließlich in einen Zirkus umgewandelt werden musste.

Der alte Trott, meint Hensel, habe sich wieder als stärker erwiesen, »die Gebildeten fanden sogar die offene Marktschweinerei malerisch.« Noch einmal wurden fünf Jahre lang Akten angelegt darüber, dass man »theoretisch« anerkenne, Hallen zu brauchen, mit oder ohne Privatkapital; schließlich stimmten königliche und kommunale Behörden mit dem Polizeichef überein. Eine Deutsche Baugesellschaft wurde gegründet, die Markthallen-Grundstücke erwarb. Der Magistrat unterzeichnete einen Vertrag zur Aufhebung offener Märkte. Doch der nächste Polizeipräsident legte sein Veto ein – falls die Stadt sich nicht als Aktionärin an dem Unternehmen beteilige, um innerhalb von 30 Jahren Eigentümerin der Hallen zu werden. Der Magistrat lehnte jeden finanziellen Einsatz ab; der Polizeichef indes konstatierte, Markthallen seien eine kommunale Aufgabe, die unmöglich (man bedenke die Gefahr der »Monopolisierung des Verkehrs mit Lebensmitteln«!) Privatgesellschaften überlassen werden dürfe. »Der Markthallenbau ist vorerst gescheitert. Eine Pleite – für wen?«

Was Hensel in der Folge aus der Deutschen Baugesellschaft von der Nutzung der Hallengrundstücke berichtet, wirkt wie ein aktuelles Szenario über urbane Infrastrukturen, über kommunale Entscheidungen und fragwürdige Immobiliendeals

Technische Infrastruktur im ländlichen Raum

Die technische Infrastruktur ist überall in Deutschland sehr gut ausgebaut, zumal sie zur Grundversorgung gehört. Allerdings entstehen durch den demografischen Wandel viele neue Probleme. So kommt es in Regionen, die besonders stark vom demografischen Wandel betroffen sind, zu erheblichen Problemen namentlich bei der Abwasserversorgung. Die meisten Rohrleitungen wurden für die damalige Bevölkerung und deren Wachstum gebaut. Daraus resultiert nun ein gewaltiger Erneuerungsbedarf. Dahinter steht eine selbst für Laien leicht nachvollziehbare Kosten-Nutzen-Abwägung. Zum einen produzieren die für hohe Beanspruchung ausgelegten Leitungsnetze bei Unternutzung (etwa durch verkleinerte Haushalte oder in ausgedünnten Siedlungsgebieten) exponentiell steigende Unterhaltungskosten. Zum anderen wachsen sich insbesondere überproportionale Wärmeverluste, Verstopfung, Verkeimung und Reparaturanfälligkeit der Leitungen zu wahren Kostentreibern aus. Zumindest muss, wenn heute in einer Region weniger Leute leben, oft Frischwasser in die Rohre hinzugegeben werden, damit das Abwasser überhaupt abfließen kann. Außerdem kommt es bei dieser geringen Beanspruchung der Leitungen zu erheblichen Korrosionen.

Bis zum Beginn der Industrialisierung war der ländliche Raum in Deutschland und Europa der dominante Energiespeicher- und Produzent. Es haben sich handwerkliche Betriebe im ländlichen Raum angesiedelt, um die Wasser- und Windkraft sowie das Holz aus den Wäldern als Energie zu nutzen. Doch mit Entdeckung von Öl und Kohle als Energieträger und der Verbreitung über das Stromnetz wurde der ländliche Raum unattraktiv für die Betriebe und sie sind in die Ballungsräume gezogen. Aktuell aber hat der ländliche Raum gute Chancen, sich als neuer Energieproduzent zu bewähren, da es bei dem Transport in dem zentralen Stromnetz in Deutschland und Europa zu erheblichen Verlusten der Effizienz des Stroms kommt. Mit anderen Worten: Die Dezentralisierung der Stromversorgung stärkt diesbezüglich die Position des ländlichen Raums bei der der Energieversorgung. Auch umweltpolitisch hat dies deutliche Vorzüge, da die im ländlichen Raum vorkommenden Energieparks in der Regel auf erneuerbare Energien wie Solar-, Wind- oder Wasserkraft setzen.

Die Verkehrsinfrastruktur trägt einen sehr großen Teil zur Attraktivität einer Region bei. Da es in einem Dorf naturgemäß nur begrenzte Arbeitsplätze gibt, muss eine gute Distanzüberwindung in andere Dörfer oder Städte gewährleistet sein, um zum Arbeitsplatz zu gelangen. Die allgemeine Erschließung des ländlichen Raumes erfolgt hauptsächlich über Straßen verschiedener Ordnung. Die Eisenbahnerreichbarkeit hat sich in den letzten Jahren auf dem Lande jedoch vielerorts verschlechtert. Somit wird der öffentliche Personen Nahverkehr (ÖPNV) im ländlichen Raum hauptsächlich mithilfe von Bussen verschiedener regionalen Verkehrsverbänden geleistet. Allerdings entstehen beim Busverkehr zahlreiche Probleme wie hoher Kostenaufwand, geringe Nachfrage, und Ausdünnung der Strecken und Fahrtsequenzen. Aufgrund dieser Probleme gibt es verschiedene neue Ansätze für den ÖPNV, z. B. durch ehrenamtliche Bürgerbusse, Taxis und organisierten Fahrgemeinschaften. Besonders von diesen Problemen sind Jugendliche und alte Menschen betroffen, da diese nicht über die Möglichkeit verfügen den Individualverkehr, wie PKW, zu nutzen.

Der ländliche Raum hat freilich auch Defizite bei der Kommunikationsinfrastruktur, also etwa DSL-Internetanschluss, Telefon- und Handynetz. Neue Technologien erreicht den ländlichen Raum mit Verzögerung gegenüber den Verdichtungsräumen. Es ist aber sowohl für die Bewohner als auch für Betriebe im ländlichen Raum ein großer Nachteil für den Komfort und die Wettbewerbsfähigkeit.

Ortsgebundenheit und weiträumige Vernetzung

Technische Infrastruktursysteme basieren auf standortgebundene, meist kapitalintensiven baulichen Anlagen. Sie sind in die gebaute Umwelt eingebettet und häufig weiträumig vernetzt. Im Siedlungsraum der Industriestaaten ist die Ausbreitung der Netze nahezu flächendeckend, und ihre Infrastrukturleistungen sind unabhängig von Tages-, Nacht- und Jahreszeit verfügbar. Über die physische Vernetzung hinaus zeichnen sich auch ihre sozialen Systemkomponenten – etwa Qualitätsstandards, spezialisierte Berufsgruppen, Verbände, Wissenschaft etc. – durch eine intensive und weiträumige Vernetzung aus.

Verlauf der Straßenkreuzung am Fritz-Förster-Platz in Dresden.

Das Ganze hängt eng mit der Verwendung technischer Großerzeugnisse zusammen. Hierbei sind die Systembestandteile überwiegend eng miteinander gekoppelt (technische Interdependenzen) und durch eine lange Lebensdauer gekennzeichnet. Noch vor einiger Zeit hat man angenommen, dass diese Systeme – um zu funktionieren – stets groß, umfassend und unteilbar sein müssen. Mittlerweile gibt es aber Innovationen im Bereich dezentraler Anlagen und neue informationstechnische Möglichkeiten zu deren Koordination, die andere Ansätze erlauben würden. Doch weil es sich um ein etabliertes und scheinbar bewährtes Technikprofil handelt, tut man sich augenscheinlich schwer, solche Alternativen zu verwenden beziehungsweise umzusetzen. Das verfestigt bestehende räumliche Strukturen und Praktiken.

Auch ökonomisch sind technische Infrastrukturen durch eine große Dauerhaftigkeit geprägt. Das hat durchaus nachvollziehbare Gründe, nämlich eine in der Regel hohe Kapitalintensität, lange Amortisationszeiträume und einen hohen Anteil von Fixkosten. Damit einher gehen zudem Größen- und Verbundvorteile (»economies of scale«). All das unterstützt eine zumindest regionale Monopolbildung von Ver- und Entsorgungsunternehmen. Ob sich dies infolge der Liberalisierung der Infrastrukturversorgung jenseits des Netzbetriebs und auch angesichts neuer technischer Entwicklungen verändert, ist derzeit noch offen.

Festzuhalten bleibt: Im Laufe der Zeit entwickeln technische Infrastrukturen ein ausgeprägtes Beharrungsvermögen. Sie sind durch eine beträchtliche Größe, durch weiträumige Vernetzung, Dauerhaftigkeit und enorme gebundene Kosten charakterisiert und vielfältig in die gebaute Umwelt eingebettet. Daraus ergibt sich freilich eine gewisse Anfälligkeit: Moderne Gesellschaften haben sich von der störungsfreien Bereitstellung von Infrastrukturdiensten abhängig gemacht. Infrastrukturausfälle durch Unfälle, Terroranschläge, menschliches Fehlverhalten oder auch Umweltereignisse (z.B. Hochwasser, Dürren, Klimawandel) können daher zu einschneidenden

Störungen des gesellschaftlichen Lebens führen. Enge technische Kopplungen innerhalb und zwischen den Sektoren und ihre zunehmende Durchdringung durch IuK-Technologien haben die Leistungsfähigkeit moderner Infrastruktursysteme enorm gesteigert.

Eine Störung in einem einzelnen Systembestandteil kann durch diese Abhängigkeiten jedoch zu weitreichenden Kaskadeneffekten führen. Das zeigte etwa ein Vorfall, der sich im Januar 2010 am Münchner Flughafen ereignete: Ein Passagier durchquerte die Sicherheitskontrolle (wie sich später herausstellte: versehentlich), nahm seinen Laptop mit und ging einfach weiter, obwohl das Personal ihn aufforderte, den Computer erneut prüfen zu lassen, da der Sicherheitscheck angeschlagen hatte. Niemand hielt den Mann schnell genug auf, und so war er innerhalb kürzester Zeit zwischen den Hunderten von Passagieren im Terminal verschwunden. Daraufhin wurde dieses komplett geräumt; für drei Stunden gab es keine Starts mehr, einige Flugzeuge mussten den Flughafen leer verlassen, um die Flugpläne einzuhalten. 100 Flüge verspäteten sich oder fielen aus, Tausende Passagiere waren betroffen.

picture alliance / ZB/euroluftbild.de | Martin Elsen 434505028

Technische Anlagen im Industriegebiet »Steinwerder« in Hamburg.

Daraus muss man folgern: Das Störpotenzial der Systeme ist umso größer, je mehr Gesellschaften von ihren Dienstleistungen abhängig sind, je zuverlässiger sie im Normalbetrieb funktionieren und je enger sie miteinander gekoppelt sind.

In den Industrieländern wurde die kommunale Infrastruktur lange Zeit in Form staatlich lizenzierter und kontrollierter Gebietsmonopole organisiert. Sauberes Trinkwasser, stabile Elektrizitätsversorgung galten als Daseinsvorsorge. Eine der wichtigsten staatlichen Aufgaben. Durch öffentliche Unternehmen wurden und werden Versorgungsaufgaben vielfach durch den Staat bzw. die Kommunen selbst wahrgenommen. In den letzten Jahrzehnten hat sich dies verändert. Es gab eine intensive Debatte, ob kommunale Infrastruktur eine hoheitliche staatliche Aufgabe sei. Die Binnenpolitik der Europäischen Union erforderte Anpassungen in der Aufgabenstruktur. Und letztlich gab es Streit um die Kosten und die Effizienz staatlicher Betriebe. Seit den 1990er Jahren wurden unterschiedliche Wettbewerbsmodelle eingeführt, Unternehmen veräußert und eine Nutzerfinanzierung eingeführt. Auch wenn sich Staat und Kommunen damit teilweise aus der Leistungserbringung zurückziehen, ist es in Folge von Privatisierung und Liberalisierung zu einer umfangreichen Re-Regulierung gekommen. Die Aufgaben des Staates verschieben sich damit zunehmend in Richtung einer Regulierung und Überwachung der Marktbedingungen und der privaten Leistungserbringer.

Heute geht es um die Fragen, inwieweit die Infrastrukturversorgung mit der Einführung von Wettbewerb und privatwirtschaftlicher Unternehmen ihre traditionelle Funktion erhalten kann. Das Ziel, ein gleiches Angebot im ganzen Land anzubieten, trifft auf große Schwierigkeiten. Abwanderung, veränderte Nutzungsgewohnheiten, Umweltschutz fordern komplexere Angebote. Ferner haben die Liberalisierung und Privatisierung der Infrastrukturversorgung eine breite Debatte um die Veränderungen von Staatlichkeit und der Aufgaben der Daseinsvorsorge und des Umweltschutzes durch neue Formen der Marktregulierung und planerischen Koordination wahrnehmen müsse.

Wasser und Energie

Eine aktuelle Herausforderung besteht darin, den Verbrauch und Gebrauch von natürlichen Gegebenheiten und technischen Errungenschaften wieder stärker in historische Alltagserfahrungen einzubinden. Dafür eignen sich besonders die Basisgüter Wasser und Energie.

Wasser, das noch im 18. Jahrhundert in der s Verantwortung der Haushalte lag, wurde am Ende des 19. Jahrhunderts Gegenstand zentraler Versorgung. Der Umbau dieses Stoffwechsels auf große kommunale Netzwerke war im Falle der Trinkwassernetze gleichbedeutend mit einer kulturellen Entkopplung vom Wasser überhaupt: Aus einer zu bewirtschaftenden Ressource wurde ein Verbrauchs- und Entsorgungsgut, eine kontrollierte Source zu einem Marktpreis. Vermehrte Hitze- und Dürreperioden in Zeiten des Klimawandels und die auftretende Wasserknappheit in Stadt und Land haben heute dem Wasser eine neue öffentliche Beachtung verschafft. Eine generelle Rückkehr in die Ressourcenverantwortung des einzelnen Haushalts ist in einer modernen Gesellschaft allerdings weder machbar noch wünschenswert. Dennoch kann das Wasser als kollektive Ressource wiederentdeckt, neu angeeignet und bewirtschaftet werden. Wenn das Trinkwasser knapp wird, leuchtet es vielleicht ein, dass man es nicht für Rasensprengen oder Autowaschen verwenden sollte. Oder grundsätzlich gesagt: Mit der technologischen Einbindung des Abwassers in gezielte regionale Stoff- und Energiekreisläufe lassen sich moderne Technologie, kollektive Verantwortung und kommunaler Verbrauch wieder verknüpfen.

Die Bewirtschaftung des Wassers liegt (im Vergleich zu den anderen Basisgütern) schon am weitesten in kommunaler Verantwortung. Doch ist der Ausbauspielraum für ein konsequentes integriertes regionales Wassermanagement noch groß – von erweiterter und besserer Kooperation zwischen den Akteuren bis zur Änderung rechtlicher Vorschriften, z. B. zur Wiederverwendung gereinigten Abwassers. Das erhebliche Streitpotential des Themas (Anschlussgebühren, Dimensionierung der Klärwerke etc.) kann letztlich sogar wertvoll sein, weil die Konflikte so die Aufmerksamkeit stärker als bisher darauf lenken können, was das mit der Naturaneignung des Menschen zu tun hat. Dabei könnte eine konsequente Verknüpfung des Themas mit anderen Planungsthemen wie der regionalen Grünplanung, der Landwirtschaft oder dem Natur- und Artenschutz auch bei Laien zu einem besseren Verständnis der systematischen Zusammenhänge im Raum führen.

Bei der *Energie* liegen die Verhältnisse, entwicklungsgeschichtlich betrachtet, ähnlich wie beim Wasser. Allerdings sind die Energieversorger weitgehend privatwirtschaftlich organisiert und kommunale Stadtwerke eher von untergeordneter Bedeutung. Anders als beim Wasser (das in der Regel zumindest in der Region entnommen wird) gibt es einen sehr

Klärwerk Erfurt-Kühnhausen.

großen Unterschied zwischen einem lokalen Versorgungsansatz und dem großmaßstäblichen Marktangebot; entsprechend kommt der überlokalen Planung eine sehr viel größere Bedeutung zu. Umfangreiche Anlagen und Leitungsnetze verdeutlichen den überregionalen Charakter der Energieproduktion, und sie belasten auch Räume, die geringen oder keinen Nutzen daraus ziehen können. Die gesellschaftliche »Entfremdung« vom Produkt Energie ist weit fortgeschritten; kollektive wie individuelle Erfahrungen zu diesem komplexen Thema lassen sich nur schwer vermitteln. Ein Weg dahin, der in jüngster Zeit vielerorts diskutiert wird, könnte in der Rekommunalisierung der Energieversorgung liegen, etwa über Erzeugergenossenschaften oder über eine stärkere Beteiligung der Ballungsräume bei der Produktion (regenerativer) Energie. Doch unabhängig von der Frage der konkreten Trägerschaft gilt, dass es bei der Energie – ähnlich wie beim Wasser – gut möglich wäre, technischen Fortschritt mit sozialen

Robert Schneider / Alamy Stock Foto J2MEM5

Umspannwerk.

picture alliance/dpa | Patrick Pleul 433506328

Windenergie im Sonnenaufgang.

Lernprozessen zu verknüpfen. Bei regionalen Energiekonzepten ist es wünschenswert, das Verhältnis von selbst produzierter zu eingekaufter Energie offenzulegen und dadurch das Thema Subsistenz versus Globalisierung überhaupt einer Diskussion zugänglich zu machen. Aber solange den Bürgern die Umstände der Versorgung mit zentralen Ressourcen gar nicht bekannt sind, sind auch der Selbstverantwortung enge Grenzen gesetzt. Es ist das soziale Subjekt, das für eine vernünftige Energiewirtschaft verantwortlich ist.

Blick in die Zukunft

Wenn der Müll nicht abgeholt wird, Strom- und Wasserleitungen den Dienst versagen oder Internetknoten sabotiert werden – dann füllt sich der Begriff Infrastruktur mit Inhalt: Infrastruktur ist wichtig, wenn es Probleme gibt. Aufmerksamkeit finden diese Strukturen des gesellschaftlich Unbewussten vor allem als unerfüllte Wünsche.

Mit Blick auf die Herausforderung der leeren Gemeindekassen, des demografischen Wandels und der drängenden Herausforderungen des Klimawandels erhält die infrastrukturelle Komponente heute eine völlig neue Bedeutung. Sie wird aber zu wenig ernstgenommen. Oder anders herum: unsere Lebensräume verlieren ohne technische Infrastruktur rasant an Funktion und Attraktivität. Obgleich sie in ihrer Bedeutung kaum zu überschätzen ist, spielt sie in der öffentlichen Wahrnehmung so gut wie keine Rolle. Und wenn, dann eine negative: Es stinkt, funktioniert mal wieder nicht.... Sie ist teuer und komplex, aber nicht attraktiv. Zudem droht sie vom Hype um Digitalisierung und »smart grids« vollständig überdeckt zu werden.

In Planung und Politik ging man lange davon aus, dass alles, was über der Erde geplant und gebaut wurde, problemlos auch mit der entsprechenden Ver- und Entsorgungsinfrastruktur angebunden und versorgt werden könnte. Und nicht nur das: Indem man eine Art technisches Wurzelwerk anbot, von der öffentlichen Hand finanziert und »mit allen Schikanen« ausgestaltet, hoffte man, bestimmte Bereiche und Gegenden attraktiv zu machen. Was freilich zur Folge hatte, dass kostenminimale Lösungen und Fragen der langfristigen Sicherung und Bedarfsgerechtigkeit nicht berücksichtigt wurden. Die Aufgabe ihrer Modernisierung ist indessen umso drängender, als

Technische Infrastruktur im Stadtraum Kumagaya, Japan.

es sich bei der technischen Infrastruktur nicht um »schön-zu haben«, sondern eindeutig um das »Muss« einer modernen Gesellschaft handelt: Funktionsverluste bei der technischen städtischen Infrastruktur führen unmittelbar zu massiven Qualitätseinbußen für Bürger und Unternehmen und werden so zu gravierenden Standortnachteilen. Moderne Logistiksysteme bilden heute die Versorgungs- und Funktionsbasis aller Metropolen und Großstädte weltweit. So hat jüngst eine Studie gezeigt, dass eine dreitägige Unterbrechung zentraler Logistikketten in London zu Chaos bis hin zu massiver sozialer Instabilität führen könnte. Ohne eine technische Infrastruktur gibt es kein kulturelles, soziales und ökonomisches Leben. Oder anders herum: Unsere gebaute Umwelt verliert ohne Stadttechnik rasant an Funktion und Attraktivität.

Auch für die Zukunft gilt: Es sind die Infrastrukturen – von der Wasserversorgung bis zum Internet –, die eine Lebenswelt hervorbringen, indem sie den Austausch in ihrem Inneren und mit ihrer Umgebung ermöglichen. Jeder neue Typ von Infrastruktur vergrößert Reichweite, Geschwindigkeit oder Umfang dieses Austauschs und sorgt für eine neue Phase der Entwicklung. Je mächtiger, weiter und schneller der Brückenschlag, den eine Infrastruktur leistet, desto seltener die Zugangspunkte und desto stärker der Zwang, sie vor allem dort anzulegen, wo die Nutzer nicht nur zahlreich, sondern auch möglichst zahlungskräftig sind. Die Profitlogik verstärkt womöglich eine Tendenz, Infrastrukturen nur dort zu bauen oder zu unterhalten, wo »es sich lohnt«. Diese Logik kann dann den Gegensatz, der bisher zwischen Stadt und Land bestand, nun auch innerhalb der Stadt, und auch innerhalb der ländlichen Gebiete reproduzieren. Im schlimmsten Fall zersplittert sie den Raum in beziehungslos nebeneinanderliegende Zonen, die eine bevorzugt, die andere vernachlässigt. Und eine übergreifende Infrastruktur erschließt dann nicht mehr den Gesamtraum, sie stellt lediglich Tunnel zwischen den bevorzugten Zonen bereit.

Solchen Tendenzen sollte man gesellschaftlich gegensteuern. Zumal Infrastrukturen ihrem Wesen nach ja generalistisch und auf Verlässlichkeit angelegt sind. Auch die Geiseln früherer Jahrhunderte wie Pest und Cholera wurden durch sozialen, durch technischen und durch medizinischen Fortschritt besiegt: Entscheidend waren die öffentliche Hygiene und die Lebensbedingungen. Dem Siedlungsraum und seinem Stoffwechsel eine zukunftsfähige Gestalt zu geben, verlangt auch heute sozialen Ausgleich.

Literatur

Dirk van Laak: Alles im Fluss. Die Lebensadern unserer Gesellschaft. Frankfurt a. M. 2018

Jens Libbe, Hadia Köhler, Klaus J. Beckmann: Infrastruktur und Stadtentwicklung. Technische und soziale Infrastrukturen – Herausforderungen und Handlungsoptionen für Infrastruktur- und Stadtplanung. Berlin 2010

Daniela Müller: Wien 1888 – 2001: Zusammenhänge der Entwicklung der technischen Infrastruktur- und ÖV-Systeme in den Siedlungsgebieten. Europäische Hochschulschriften. Frankfurt a. M. 2007

Antje Matern (Hg.): Urbane Infrastrukturlandschaften in Transformation. Städte – Orte – Räume. Bielefeld 2016

Steffen Richter: Infrastruktur. Ein Schlüsselkonzept der Moderne und die deutsche Literatur 1848–1914. Berlin 2018

Heinrich Tepasse: Stadttechnik im Städtebau Berlins (dreibändiges Kompendium: Wasser und Abwasser, Gas, Strom und Fernwärme). Berlin 2005–2007